U0033331

新時尚

素料理

New fashion vegetarian food

郭月英　　林美妤

目錄 contents

家常主菜類

健康環保
又美麗的素食

郭月英

　　隨著年齡的增長，假日與夫婿遊青山綠水的次數也增多了，和美好的認識，就是在她位於東北海岸老梅附近的餐廳「莎蜜拉」。蔚藍的青天、夏日的下午茶、異國的料理，讓我們愛上了老梅，也認識了攝影大師莊明景老師，隨著他的觀景窗在海邊捕捉日出、晚霞，真是美不勝收。

　　每每在「莎蜜拉」用餐，美好都很用心的使用當季的食材，用不同的方式來烹調，極盡的討好她的食客，讓他們盡興，我們亦是如此。在相談甚歡下，才發現美好有那麼多的私房菜……素食原來可以做的如此美麗好吃。在二魚文化主編的邀約下才有此書的構想。

　　素食——有人說像在吃草，毫無營養、變化，毫無吸引力，完全吸引不了食客，但只要吃過此書的每一道菜，必讓您覺得可口、美味、清爽、營養，色香味俱全。最重要的是您自己操作，更是簡單方便。

　　現在整個地球，都在推廣環保素，學校也提倡一星期一日素。隨著環境的變化、您個人的年齡、健康、及養生觀念的普及，希望您可藉由此書開始，吃出美麗素、環保素、健康素，更預祝您身心靈更健康。

序

吃蔬食，
如何吃出健康？

林美妤

　　我們所吃的食物不僅會影響我們的身體及生理，也會影響我們的思想，最後更會影響我們的情緒。由於現在的人多忙碌，不論是在生活上、工作上……等等的壓力，因此在吃的方面應該要無負擔，希望大家能從日常生活中簡單的吃，不需要用任何特殊的材料，及特殊的烹調手法，就能煮出既養生，又美味的食物。

　　本書的食材都是一般菜市就可以買到，食譜裡面的食材大部分都是使用北海岸地區當地的農產品，有三芝的茭白筍、山藥、南瓜、火龍果。老梅的地瓜及石花菜。金山的芋頭以及當地的一些時令蔬菜。烹煮方面少油又清爽，保有食物的原味而不做作。而用一些簡單的手法，就能作出異國風味的料理，不用太多油及肉的提味，一樣讓你一口接口。

　　現在人吃蔬食的很多，但如何吃出健康？本書完全根據蔬菜本身的特質，告訴你如何簡單吃出養生。在臺灣，吃素食者往往因宗教信仰的關係，而不吃蔥、蒜及洋蔥，但若以健康為出發點，這一些食材都滿具營養價值。

　　這本書是我的初作，在郭老師的指導下，希望大家能夠享受吃蔬食的美味及樂趣，更能從中得到養生的資訊，進而預防三高及文明病，使自己更美麗、健康。

▲老梅社區海邊美麗的景緻。
劉森雲／攝影

家常主菜

打破傳統素食對口味的侷限，以五色蔬果加上獨具
創意的佐料調味，從咖哩、莎莎醬、麻婆到焗烤等，
提升食材的鮮美口感。

蘆筍燴白果

材料：

蘆筍1把
洋蔥1/2顆
紅椒1/2顆
罐頭白果1/2罐

調味料：

鹽1小匙

1.蘆筍洗淨去頭硬的部分切小段，洋蔥剝皮洗淨切
　細條狀，紅椒洗淨切半去籽、切條狀。

2.熱鍋入油1大匙，將洋蔥炒香，再加入蘆筍、水1
　大匙中火炒熟。

3.再入紅椒及白果、調味料炒約10秒鐘即可。

★如不食用洋蔥也可以用新鮮香菇替代香味。

養生資訊

1.蘆筍所含β胡蘿蔔素、維生素A、E、C，以及胺基酸和微量元素硒，皆有防癌抗癌的作用，葉酸及核酸
則具有防止癌細胞擴散之效。因含有天門冬胺基酸和多醣體等，經常食用可消除疲勞、增強體力、心臟
系統、腸胃道、神經疼痛、視力衰退的健康維持，對白血球生長等均有助益，所含鈉少而鉀多，可降低
胃小管重吸收而有利尿作用。天門冬和蘆丁可降低血壓、改善肝功能，因寡糖可由尿液排出。對於女性
的鐵質補充亦有助益。蘆筍含β胡蘿蔔素和維他命A，對心臟及動脈硬化有改善良效，對於減輕肝臟負
擔、抗疲勞等亦有良效。

2.白果種子含蛋白質、脂肪、澱粉、氰、鈣、磷、鐵、胡蘿蔔素、維生素B12及多種胺基酸；外種皮含有毒
成分白果酸、氫化白果酸、白果酚、白果醇等，所以白果不可生食。白果能抑制結核桿菌的生長，對多
種體外細菌及皮膚真菌，有不同程度的抑制作用。適量進食白果，能保護神經細胞，防止或減低癡呆症
的發生。

甜豆炒蘑菇

材料：

甜豆4兩
蘑菇4兩
薑1小塊

調味料：

鹽1小匙

1. 甜豆去除兩邊纖維、洗淨備用，蘑菇洗淨去粗蒂切薄片，薑洗淨切細末。

2. 熱鍋入油1大匙，把薑末炒香，放入甜豆、加水1大匙，轉小火煮3分鐘，再入蘑菇、快速拌炒，放調味料待蘑菇片熟軟即可起鍋。

 養生資訊

- -

甜豆的營養價值很高，富含維生素A、C、B1、B2、鉀、鈉、磷、鈣等，並且含有豐富且容易消化的蛋白質，熱量比起其它豆類相對較低，是一種美容又保健的食材。

甜豆的蛋白質能修補肌膚、調節生理狀態、降低血液中的膽固醇，對心血管的健康很有幫助。

很特別的是，甜豆含有一種動情激素，能夠延緩老化，尤其更年期的婦女食用，效果更加明顯，還能幫助緩和更年期症候群。

茭白筍豆芽捲

材料：

茭白筍3枝
紅蘿蔔1/2根
黑木耳1朵
豆芽4兩
玉米粉餅皮2張

調味料：

黑胡椒粉1/2小匙
白胡椒1小匙
鹽1小匙

作法：

1. 將茭白筍剝殼削去粗皮，洗淨切細絲，紅蘿蔔洗淨去皮切細絲，黑木耳洗淨切細絲，豆芽洗淨去尾鬚瀝乾水分。

2. 熱鍋入油2大匙，放入茭白筍絲、紅蘿蔔絲，及水1大匙，小火炒熟，再入黑木耳絲、豆芽菜、加調味料拌炒至豆芽熟，熄火再入香菜拌勻待涼。

3. 取1張玉米餅皮，鋪在壽司竹簾上，將菜餡放於餅皮的一邊，捲起成圓柱狀切成5等份。

 養生 資訊

綠豆芽含有豐富的維生素A、鉀、鈣、鐵、多種維生素、纖維素、胡蘿蔔素，因含纖維素，綠豆芽與韭菜同炒，可用於防治老年及幼兒便祕，既安全又有效；且由於綠豆芽含多種維生素，常食用綠豆芽可治療因缺乏維生素A而引起的夜盲症、缺乏維生素B2而引起的舌瘡口炎。

傳統中醫認為，綠豆芽性涼味甘，不僅能清暑熱、通經脈、解諸毒，還能調五臟、美肌膚、利濕熱，適用於濕熱鬱滯、食少體倦、熱病煩渴、大便祕結、小便不暢、目赤腫痛、口鼻生瘡等患者。

咖哩炒秋葵

材料：

秋葵 4兩
紅蘿蔔1/2根
馬鈴薯1顆
白花椰菜1/4顆

調味料：

鹽1小匙
咖哩粉3大匙

作法：

1. 秋葵洗淨去蒂、斜對切，白花椰菜洗淨、切成小朵，馬鈴薯、紅蘿蔔洗淨去皮、用波浪刀切條狀。

2. 熱鍋入油1大匙，放入馬鈴薯、紅蘿蔔條炒，加2大匙水，轉小火煮約5分鐘。

3. 把咖哩粉放入鍋中炒勻，再入花椰菜、秋葵小火煮約3分鐘，放入鹽調味待秋葵熟即可。

 養生資訊

秋葵含胡蘿蔔素及維生素A，對眼睛、皮膚都有幫助，其含有的特殊黏液，可以保護腸胃道；纖維則能幫助消化，預防便祕，防止貧血及骨質疏鬆。秋葵還含有鈣、鎂、鉀、維生素K、蛋白質等。秋葵是高纖食品，有預防長成中的胎兒神經管缺陷的葉酸，很適合煮濃湯，因為汆燙時會產生黏稠物質，不論是煮湯或燉菜，都可以增加濃稠度。

番茄鑲豆仁

材料：

大番茄3顆
傳統豆腐1塊
馬鈴薯1/2顆
紅蘿蔔1/4根
乾香菇3朵
綠豆仁3大匙

調味料：

黑胡椒1/2小匙
鹽1小匙

作法：

1. 番茄洗淨去頭，挖掉果肉變成盅。豆腐捏碎，馬鈴薯、紅蘿蔔洗淨去皮切成薄片，香菇泡軟去蒂切小丁。

2. 將馬鈴薯、紅蘿蔔蒸熟，加入豆腐、香菇、綠豆仁及調味料，攪拌均勻成泥（豆腐餡）。

3. 把作法2的食材填入番茄盅，放入電鍋，外鍋倒入1/2杯水，待電鍋跳起取出即可盛盤。

 養生資訊

番茄有很多品種。紅色濃的富含番茄紅素，對預防癌症很有好處。橙色的番茄紅素含量少，但胡蘿蔔素含量高一些。小番茄裡含糖量高於大番茄，所以適合當做水果，但熱量也略高一些。其他如維生素的含量因品種和栽培方式而異，無法一概而論。如果要滿足維生素C的需求，則各種番茄都好，關鍵是要選擇當季成熟的，因為當季成熟的比大棚栽培的維生素含量高。如果要補充番茄紅素、胡蘿蔔素等抗氧化成分，則應當選顏色深紅的，或是橙色的，而不是粉紅色的或黃色的。

草菇燴雙花

材料：

草菇1包
綠花椰菜1/2顆
白花椰菜1/2顆
薑1小塊
枸杞1大匙

調味料：

醬油2大匙
鹽1小匙
烏醋1大匙
玉米粉1大匙

 養生資訊
- - - - - - - - - - - - - - - -

草菇含豐富的維生素C、蛋白質與各種胺基酸，可減少膽固醇的累積，降低血壓，增加身體對傳染病的抵抗力，防治壞血病。

作法：

1.雙色花椰菜洗淨切成小朵，草菇去頭洗淨備用，薑洗淨切細末，枸杞洗淨備用。

2.花椰菜用滾水煮熟，撈起瀝乾。

3.熱鍋入油1大匙入薑末炒香，續入雙色花椰菜及草菇一起拌炒，再入水1大匙，煮滾後轉小火，放入枸杞、調味料炒勻。

4.最後用玉米粉加水和勻，入鍋中勾薄芡，起鍋排盤即可。

避風塘蘑菇

材料：

蘑菇半斤
豆乾4塊
豆圈3兩
豆酥3大匙
辣椒1根

調味料：

黑胡椒1/2小匙
白胡椒1小匙
鹽1小匙

作法：

1. 蘑菇洗淨去粗頭部切大丁，豆乾洗淨切大丁，豆圈泡軟切大丁。辣椒洗淨去籽，切小段。

2. 熱鍋入油2大匙，放入豆乾丁炒香，至表面呈金黃色，轉小火、再入豆酥拌炒香味釋出。

3. 將蘑菇、豆圈丁、辣椒加入作法2中，以中火拌炒至蘑菇熟再入調味料炒勻即可。

 養生 資訊

- -

蘑菇的蛋白質含量非常高，比一般的蔬菜和水果要高出很多。含18種胺基酸，其中人體自身不能合成、必須從食物中攝取的8種必需胺基酸，蘑菇裡都能攝取得到。也富含維生素，維生素C、D含量都很豐富，能促進人體新陳代謝，提高身體免疫力，具有解毒作用，幫助如鉛、砷、苯等有害物質排出體外，同時也有良好的抗癌功效。很多蘑菇中都含有胡蘿蔔素，在人體內可轉變爲維生素A。一般的新鮮蔬菜和水果都不含維生素D，蘑菇卻是個例外，並且維生素D含量非常豐富，能夠很好地促進鈣的吸收，有利於骨骼健康。蘑菇所含纖維素比一般蔬果多很多，可以防止便祕，降低血液中的膽固醇含量，減少人體對碳水化合物的吸收。

青江菜香菇塔

材料:

青江菜5株
馬鈴薯1顆
紅蘿蔔1/4根
荸薺3顆
新鮮香菇5朵
起司絲2大匙

調味料:

素蠔油2大匙
玉米粉1大匙
糖1小匙
鹽1小匙

作法:

1. 馬鈴薯、紅蘿蔔洗淨削去外皮切小丁,荸薺洗淨去皮拍碎、切小丁,起司絲切小丁,香菇洗淨去蒂備用,青江菜洗淨切半。

2. 將馬鈴薯、紅蘿蔔蒸熟壓碎成泥。

3. 把荸薺丁、起司絲、玉米粉、鹽加入作法2的食材中,並攪拌均勻。

4. 把作法3鑲在香菇上,放盤中入電鍋蒸煮,外鍋放1杯水,待電鍋跳起取出。

5. 將青江菜放入滾水中汆燙、撈起瀝乾,放於盤中鋪底,把蒸好的香菇排放在上面。

6. 鍋中加水1大匙,再放素蠔油、糖、鹽以小火煮滾,淋在香菇塔上即可。

養生 資訊

青江菜含維生素 C、B1、B2、β胡蘿蔔素、鉀、鈣、鐵、蛋白質等。可改善便祕、清除內熱,滋潤皮膚、預防癌症,防止老化,青江菜可以清除體內熱氣,牙齦發腫或口乾舌燥時,可多食用青江菜。

荸薺香鬆

材料：

荸薺半斤
紅蘿蔔1/4根
美生菜5片
乾香菇5朵
黑木耳1朵
油條1根

調味料：

黑胡椒1/2小匙
白胡椒1小匙
鹽1小匙

作法：

1. 荸薺去皮洗淨拍碎，美生菜洗淨，香菇泡軟去蒂切小丁，紅蘿蔔洗淨去皮切小丁，黑木耳洗淨切丁，油條捏碎成丁。

2. 將美生菜修剪成5個圓盅、排盤中，剩下的邊切小丁。

3. 熱鍋入油1大匙，香菇丁炒香，再入紅蘿蔔、荸薺、黑木耳丁及水1大匙小火炒，待湯汁收乾，放入調味料炒勻。

4. 將美生菜丁、油條加入作法3中攪拌均勻，放在美生菜圓盅上即可。

 養生資訊

荸薺的主要營養成分有蛋白質、脂肪、粗纖維、胡蘿蔔素、醣類、鐵、鈣、磷、鉀、維生素A與C，其中荸薺所含磷的成分比其它根莖蔬菜高很多，能促進人體的生長發育和維持生理功能，對牙齒骨骼的發育有很大幫助，同時可促進體內的糖、脂肪、蛋白質三大物質的代謝，調節酸鹼平衡。荸薺還含有一種叫「荸薺英」的抗菌成分，它對金黃色葡萄球菌、大腸桿菌、綠膿桿菌均有抑制作用。荸薺能清熱生津，發燒的病人可多食用。

紅燒杏鮑菇

材料：

杏鮑菇半斤
小黃瓜2條
紅椒1/2顆
薑1小塊

調味料：

醬油3大匙
鹽1/2小匙
糖1小匙

作法：

1. 杏鮑菇、小黃瓜洗淨、滾刀切塊，紅椒洗淨切半去籽、切成大塊，薑洗淨切薄片。

2. 熱鍋入油1大匙，把薑片炒香，放入杏鮑菇、小黃瓜，再加水1大匙、醬油炒勻，轉小火煮約3分鐘。

3. 再入紅椒、鹽、糖炒勻待入味即可盛盤。

養生資訊
- - - - - - - - - - - - - - - - - - - -

杏鮑菇富含多種蛋白質、胺基酸、礦物質及維生素，營養價值高，加上低熱量、低脂肪、低膽固醇，營養又健康，並可增強人體免疫力。且菇類含有多醣體，具有防癌抗腫瘤的功能。

杏鮑菇所含的天然抗菌素，還可以抑制病毒或細菌的作用，所以成了兼具美味與養生的天然防癌保健食物。另外，杏鮑菇也含豐富的膳食纖維，可以減少熱量及脂肪的吸收，更可縮短糞便在腸道內停留的時間，對肥胖者及糖尿病、高血脂、高血壓之慢性病人，是很棒的健康養生食材。

腐皮柳松菇

材料：

柳松菇1包
紅蘿蔔1/4根
豆腐皮2片
青椒1顆

調味料：

醬油2大匙
鹽1/2小匙
烏醋1大匙

作法：

1. 柳松菇去頭洗淨對切，豆腐皮洗淨切條狀，青椒洗淨去籽切成條狀，紅蘿蔔洗淨去皮切成條狀。

2. 熱鍋入油1大匙，放入紅蘿蔔、柳松菇、豆腐皮、青椒炒，再加入醬油、水1大匙，轉小火燜煮約3分鐘，最後再入烏醋、鹽拌炒勻即可。

 養生資訊

柳松茸（別名柳松菇）屬次真菌，因其有松茸的獨特香味所以稱為柳松茸，香味濃郁菇柄脆嫩，味道鮮美。柳松菇含大量纖質，久煮亦不失其脆度，口感十分良好。可刺激腸胃的蠕動、消除便祕，降低血液中膽固醇的含量，是一種兼具美味和保健的食品。柳松茸烹調後不會失去咬勁，可用於炒、油炸、煮湯等。

金沙茭白筍

材料:

茭白筍6枝
鹹蛋2個
大番茄1粒

調味料:

義大利香料1小匙
黑胡椒1/2小匙
鹽1小匙

作法:

1. 茭白筍剝殼,削去粗皮洗淨滾刀切塊,番茄洗淨去蒂切小丁。

2. 鹹蛋洗淨去殼,捏碎成泥。

3. 熱鍋入油1大匙,入鹹蛋泥小火炒香成泡狀,再放入茭白筍拌炒。

4. 續入番茄丁、調味料、水1大匙炒勻,轉小火讓湯汁收乾即可。

 養生資訊

茭白筍裡含有維生素C、草酸、草酸鈣、鉀、鈉等營養素。茭白筍屬性甘、寒,有清熱利濕、利尿的效果,很適合炎炎夏日食用。尤其是體質較為燥熱的人,容易覺得心煩、口乾舌燥,以及小便較黃、味重,這時候吃一些茭白筍會有幫助。

茭白筍有草酸及草酸鈣,草酸鈣不易溶解於水和胃液,會妨礙鈣質吸收;至於草酸則會與食物中的鈣結合,在腎臟形成結石,且又含有較高的鉀,因此腎臟功能不全者應減少食用。

莎莎醬煎筍

材料：

竹筍2支
大番茄1顆
酸黃瓜1/2條
辣椒2根
香茱2株

調味料：

新鮮檸檬汁1大匙
玉米粉1大匙
白醋1/2匙
糖1小匙
鹽1小匙

作法：

1. 竹筍用刀在背部劃一刀去殼洗淨，削去頭部粗皮，滾刀切塊，番茄洗淨去蒂切小丁，酸黃瓜切小丁，辣椒、香茱洗淨切小丁。

2. 將竹筍放入滾水，以小火燜煮10分鐘取出瀝乾，沾一層薄玉米粉。

3. 熱鍋入油1大匙，將作法2放入鍋中，乾煎至表面呈金黃色，加水2大匙煮滾轉小火。

4. 將番茄、酸黃瓜、辣椒丁、調味料放入鍋中，再煮3分鐘即可盛盤。

 養生資訊

竹筍因具有維他命A、B1、B2、C及荷爾蒙等成分，營養價值極高，且為低熱量食物，多食無身體發胖的顧慮，它的粗纖維，更可促進腸胃蠕動幫助消化，而且竹筍由數層外殼所包，無農藥殘毒，真的是名符其實的「自然健康食品」。

三杯芋頭

材料：

芋頭1斤
薑1大塊
辣椒1根
九層塔3兩

調味料：

醬油膏2大匙
糖1大匙
鹽1小匙
麻油3大匙

作法：

1.芋頭去皮洗淨切小塊，入油鍋炸成金黃色、撈起瀝油。

2.薑、辣椒洗淨切薄片，九層塔摘嫩葉洗淨瀝乾。

3.熱鍋入麻油3大匙，放入薑片小火爆香，加入芋頭、辣椒及水1大匙轉小火炒。

4.將醬油膏加入鍋中，以小火燜煮約5分鐘，待湯汁收乾，放鹽、糖調味和勻，再入九層塔炒勻即可。

養生資訊

芋頭含豐富的營養成分，包括：澱粉、醣類等碳水化合物、蛋白質、鉀、鈣、磷、鋅、鐵、纖維質、維生素B群、A、C菸鹼酸及多種主要的胺基酸。芋頭的營養價值高，含有高澱粉質、纖維質含量是米飯的四倍、熱量只有米飯的九成，主要成分除富含醣類外，還有蛋白質、脂肪、鈣、磷等……。

煎蛋時加入九層塔，可治胃病、風濕症或老年人的腰酸背痛。根和莖部則對婦女疾病有功效。一般食用均具益氣、行血等養生的功能，還含有蛋白質、脂肪、糖類、維他命A、C、磷、鐵等營養成分。

Meal 家常主菜

冬瓜香菇封

材料:

冬瓜1斤
傳統豆腐2塊
荸薺3顆
紅蘿蔔1/4根
乾香菇3朵

調味料:

醬油1/2碗
糖1小匙
鹽1小匙
玉米粉1大匙

作法:

1.冬瓜洗淨去皮去籽、切方塊,排大碗底部。

2.荸薺去皮洗淨拍碎,香菇泡軟去蒂切小丁,紅蘿蔔去
皮洗淨切小丁,豆腐用水沖淨瀝乾後捏碎。

3.將2的食材與調味料、水1大匙及玉米粉充分拌勻。

4.把3的食材放入冬瓜塊中間,入電鍋蒸,外鍋倒入1杯
水,待電鍋跳起,取出扣在盤中即可。

椒麻雲白玉

材料：

白蘿蔔1顆
豆圈4兩
辣椒2根

調味料：

辣油2大匙
醬油2大匙
白醋2大匙
花椒粒1大匙
黑胡椒1小匙
糖1小匙

作法：

1. 白蘿蔔洗淨去皮切方塊，豆圈洗淨泡軟對切，辣椒洗淨切片。

2. 熱鍋入油1大匙，放入花椒粒、黑胡椒，小火炒香。

3. 把白蘿蔔、豆圈放入鍋中，加水2大匙、醬油、辣油，轉小火燜煮10分鐘待白蘿蔔熟，再加入辣椒、白醋、糖調味炒勻即可。

養生 資訊

白蘿蔔中含有豐富的維生素C與微量的鋅，可加強人體免疫功能，膳食纖維有助於腸胃消化、減少糞便在腸道停留的時間，可預防大腸癌，可降低膽固、預防膽結石以及高血壓與冠心病。

唯性寒、感冒、咳嗽者不宜多食。

麻婆菱角

材料：

去殼菱角4兩
黑木耳1朵
青椒1顆
辣椒1根

調味料：

豆瓣醬2大匙
鹽1小匙

作法：

1. 菱角洗淨備用，黑木耳洗淨切小片，青椒洗淨切半去籽切小片，辣椒洗淨切斜片。

2. 將菱角放入鍋中加水1碗大火煮，滾後轉小火煮約5分鐘。

3. 將黑木耳、辣椒、豆瓣醬放入鍋中炒勻，續煮約2分鐘待入味。

4. 最後放入青椒、鹽調味，再用玉米粉加水勾薄芡即可。

養生資訊

菱角肉含有豐富的澱粉、蛋白質，並有鈣、鐵、磷等多種礦物質，及麥角甾四烯、維生素B$_2$與C，營養豐富，清朝《隨息居飲食譜》曰：「菱甘平，充饑代穀，充饑化穀，亦可補氣厚腸胃勾。」因為菱角的營養價值高，可以替代穀類食物，而且有益腸胃，非常適合體質虛弱者、老人與成長中的孩子。

豆酥豆腐

材料：

傳統豆腐4塊
紅蘿蔔1/4根
馬鈴薯1/2個
黑木耳1朵
乾香菇2朵
豆酥2大匙

調味料：

玉米粉1大匙
鹽1/2小匙
醬油1小匙

作法：

1. 豆腐壓成泥，紅蘿蔔、馬鈴薯洗淨去皮、切成小丁，黑木耳洗淨切小丁，香菇泡軟去蒂、切小丁。

2. 將1的材料加入玉米粉，及水1大匙、調味料、攪拌均勻。

3. 把2的食材盛入盤中，放入電鍋中蒸煮，外鍋倒入1/2杯水，待電鍋跳起取出。

4. 熱鍋入油1大匙，將豆酥以小火拌炒香味釋出，表面呈金黃色，淋在豆腐上即可。

養生資訊

傳統板豆腐有添加石膏，含鈣量遠超過以洋菜製成的盒裝嫩豆腐，其鈣含量約是嫩豆腐的十倍以上，還含25%碳水化合物與40%蛋白質，其它各種維生素和礦物質含量也很豐富，傳統的板豆腐，製造過程中會加硫酸鈣，所以使豆腐的含鈣量增加，所以多吃豆腐當然也吸收了不少的鈣質，購買豆腐時可多選購板豆腐，可兼顧營養與美味。

豆腐的蛋白質可將體內過多的鹽分排出體外，能降低血壓，豆腐含不飽和脂肪酸，適量的食用豆腐可降低血液中的膽固醇，可預防心臟病與動脈硬化。

高麗菜玉米磚

材料：

高麗菜1/4顆
罐頭玉米粒2大匙
紅蘿蔔1/2根
乾香菇4朵
綠豆仁3大匙
雞蛋1個

調味料：

黑胡椒粉1/2小匙
麵粉4大匙
鹽1小匙

作法：

1.高麗菜洗淨切小丁，紅蘿蔔洗淨去皮切小丁，香菇泡軟去蒂切小丁，綠豆仁洗淨濾乾水。

2.將雞蛋洗淨打入碗中，加入麵粉、水1碗攪拌均勻。

3.將1所有材料放入碗中，加調味料攪拌均勻。

4.熱鍋入油2大匙，將3的食材倒入鍋中轉中小火煎，至雙面成金黃即可盛盤。

5.食用時可淋上泰式調味醬或番茄醬。

 養生資訊

高麗菜含有維生素B群、C、K、U、鈣、磷、鉀、有機酸、膳食纖維等營養素。其含有豐富的人體必需微量元素，其中鈣、鐵、磷的含量在各類蔬菜中名列前茅，又以鈣的含量最為豐富。高麗菜所含的維生素K具有凝固血液的功效，維生素U可以促進胃的新陳代謝、促進胃的黏膜修復；膳食纖維可以促進排便。高麗菜能抑制亞硝酸胺在人體內合成，具有抗癌作用，還能防止動脈硬化和膽結石以及膽固醇過高。兒童體內物質代謝特別旺盛，所以，讓孩子多吃些高麗菜，對其發育成長大有助益。

焗烤番茄南瓜

材料：

南瓜8兩
大番茄1粒
薑1小塊
香菜2株
起司絲半碗

調味料：

義大利香料1小匙
黑胡椒1/2小匙
鹽1小匙
玉米粉1小匙

作法：

1. 南瓜洗淨去皮去籽，切厚片。

2. 將番茄背部劃十字放入熱水中汆燙，取出後去皮切小丁，薑洗淨切碎末，香菜洗淨去頭切碎。

3. 把南瓜片排放焗烤盤，先放入蒸鍋中蒸煮，以中小火蒸約15分鐘。烤箱先設定180℃，預熱5分鐘。

4. 熱鍋放入油1小匙，放入番茄丁炒香，加水1大匙，以小火煮滾，放入調味料，再用玉米粉加水勾薄芡，即成番茄醬。

5. 把作法4淋在蒸好的南瓜上面，撒上起司絲，放入烤箱烘烤至起司溶化成金黃色，撒上香菜末即可。

養生資訊

起司的營養成分中，蛋白質約佔1/4，蛋白質是構成人體細胞的重要物質，而讓人體能健康運作的必需胺基酸，在起司的蛋白質中都可以均衡地攝取到。其中的幾種必需胺基酸還可以加速分解酒精，強化肝臟的機能。起司也是鈣質的一大來源，起司對於發育中的孩童、孕婦、更年期婦女、老年人及預防骨質疏鬆的人來說，是很好的補充來源。起司也含有豐富的脂溶性維生素，如維生素A、B群、D、E，以及礦物質鈉、磷。

焗烤奶油時蔬

材料：

綠花椰菜1/2顆
白花椰菜1/2顆
新鮮香菇2朵
新鮮蘑菇3朵
紅蘿蔔1/4根
青椒1/2顆
起司絲半碗

調味料：

義大利香料1小匙
黑胡椒1/2小匙
鹽1小匙
玉米粉1小匙
鮮奶油1大匙

作法:

1. 雙色花椰菜洗淨切成小朵，香菇、蘑菇洗淨切小塊，青椒、紅蘿蔔切小片。

2. 烤箱設定180℃，預熱5分鐘。

3. 熱鍋入油2大匙，放入香菇、蘑菇塊炒香，加水1大匙轉小火煮。

4. 把花椰菜、紅蘿蔔，加入鍋中，再入鮮奶油轉大火煮滾，再入青椒、調味料煮勻。

5. 續入玉米粉加水勾薄芡，起鍋放焗烤盤中。撒上起司絲，放入烤箱烘烤至起司溶化成金黃色取出，再撒起司粉即可趁熱食用。

 養生資訊

花椰菜有綠色和白色兩種，含有豐富的β胡蘿蔔素、維生素B1及C，還含有豐富的鈣、硫、鉀和少量的硒，具有抗癌的功效，並且可以預防心臟疾病和關節炎等症狀。花椰菜味甘性平，具有開音止咳、清熱、利尿的功效，對肥胖、視力衰弱及水腫有功效，並可預防動脈硬化。兒童宜常吃花椰菜，可增強抵抗力、促進生長、維持牙齒及骨骼正常、保護視力、提高記憶力。

清爽小點

以冷的菜式為主，以涼拌或汆燙的烹調方式，除了作法簡單、容易上手，還能保有食材原有的營養與風味。

番茄豆腐沙拉

材料：

大番茄2粒
豆腐1盒
酸黃瓜1條

調味料：

鹽1小匙

作法：

1. 番茄洗淨去蒂切圓片，豆腐取出切片，酸黃瓜切圓片。

2. 將切片的番茄平放盤中。

3. 熱鍋入油1大匙、放入豆腐表面煎成金黃色，撒上薄鹽。

4. 將豆腐片放在番茄片上，再置上酸黃瓜片，食用時可一份
   份的食用。

 養生 資訊

- -

大番茄含有蛋白質、脂肪、碳水化合物、煙酸、胡蘿蔔素、維生素B1、B2、C等，還含有治
療高血壓的維生素P，近年來，科學家發現番茄中還含有一種抗癌、抗衰老物質——谷胱甘
呔。臨床測定，當人體內谷胱甘呔的濃度上升時，癌症的發病率就會明顯下降，同時還可延
緩細胞的老化。

義式番茄茄子

材料：

茄子半斤
大番茄1粒
洋蔥1/4顆

調味料：

義大利香料1小匙
起司粉1小匙
黑胡椒1/2小匙
鹽1小匙

作法：

1. 茄子洗淨去蒂頭切大段，番茄洗淨去蒂切小丁，洋蔥剝皮洗淨切小丁。

2. 將茄子放入滾水中煮熟，撈起瀝乾切小長段放在盤中。（煮茄子時需不停的翻滾）

3. 熱鍋入油1大匙，先入洋蔥炒香，再入番茄丁、水1大匙及調味料小火煮勻。

4. 將作法3的醬汁淋在煮好的茄子上即可食用。

養生資訊

茄子性味甘、寒，成分以醣類為主體，含蛋白質、脂肪、鈣、磷以及維生素B、C、P，茄子纖維中含皂草甘，有降低血液膽固醇的效能，且因其熱量少，又可以給人非常強烈的飽足感，常吃茄子，可使血液中膽固醇不致增高，亦不易發胖，故茄子可作為減肥的食療方。

茄子所含的維生素P，在蔬菜中可謂出類拔萃，它能增強機體細胞間的黏著力和毛細血管的彈性，減低毛細血管的堅韌性及滲透性，防止微細血管破裂出血，類似中醫理論中屬於活血化瘀成分，可消除血栓，使血液循環順暢，故有防止血管粥狀硬化及防治高血壓的特殊功能。

風味四季豆

材料：

四季豆半斤
洋蔥1/4顆
紅椒1/2顆
酸豆1大匙

調味料：

新鮮檸檬汁2大匙
白醋 1大匙
糖1小匙
鹽1小匙

作法：

1. 四季豆撕去兩邊的粗纖維洗淨，切斜片。洋蔥剝皮洗淨切段，紅椒洗淨切半去籽、切小段。

2. 將四季豆入滾水汆燙，撈起後瀝乾放碗中待涼。

3. 將洋蔥、紅椒、酸豆拌入碗中，加入調味料拌勻即可。

 養生資訊

四季豆中的膳食纖維大多是非水溶性，有助促進腸胃蠕動，消除便祕，四季豆含有維生素C與鐵、鈣、鎂和磷等礦物質，鐵可以促進造血功能，有助於改善貧血症狀。四季豆不可生吃，生的四季豆中含有皂甙和紅細胞凝集素，生吃會引起噁心、嘔吐或腹痛等不適症狀，烹調四季豆前宜先用滾水汆燙，或入熱油鍋炒至熟透，避免發生不適症狀。

繽紛蒟蒻絲

材料：

蒟蒻絲1包
紅椒1顆
黃椒1顆
小黃瓜1條

調味料：

新鮮檸檬汁2大匙
白醋 1大匙
糖1小匙
鹽1小匙

作法：

1. 將小黃瓜洗淨切細絲，紅椒、
   黃椒洗淨切半去籽、切細絲。

2. 將1的食材放入滾水中汆燙，
   撈起後沖冷開水瀝乾。

3. 將蒟蒻絲入清水中先沖淨，
   再入熱水快速汆燙，撈起瀝
   乾，取出切段。

4. 將調味料與作法2、3的食材
   拌勻即可。夏天冰鎮後食用
   風味更佳。

養生 資訊

蒟蒻95％以上的成分為水分，蒟蒻有豐富且優質的膳食纖維，吸水力強，而且低
熱量、低脂肪、低蛋白質等特性，膳食纖維能防止便祕，適度促進腸內廢物及有
害菌之排泄，避免有害菌與腸道接觸的機會，可預防大腸癌的發生。蒟蒻與肉類
食物一起烹調，可以減少身體吸收膽固醇；與大豆一起烹調，可以幫助消化，降
低血液中膽固醇。

醋溜結頭菜

材料：　　　　調味料：

結頭菜1顆　　白醋1大匙
大番茄1粒　　鹽2小匙
黑橄欖1大匙　糖1小匙

作法：

1. 結頭菜去皮洗淨、切薄片，番茄洗淨去蒂切小丁。

2. 將結頭菜加鹽2小匙、醃漬20分鐘後，沖冷開水瀝乾。

3. 將番茄丁、黑橄欖、調味料與作法2的結頭菜攪拌均勻，即可食用。

養生 資訊

1. 醋能預防高血壓。食用天然釀造的醋，可以增加體內鐵、鈣的吸收，也可以降低身體內的PH值，可減少大腸桿菌，對大腸保健有益。
醋可以促進體內新陳代謝，使身體更柔軟，肌膚也會愈加美麗。

2. 結頭菜（大頭菜）含蛋白質、膳食纖維、鈣、磷、鐵、醣類、胡蘿蔔素、維生素A、C和礦物質等，結頭菜能止咳消渴，止血清熱，減輕著涼引起之腹痛。大頭菜切片醃漬食用最能吸收其養分。

山藥絲拌枸杞

材料：

山藥半斤
枸杞1大匙

調味料：

白醋1大匙
鹽1匙

作法：

1. 山藥洗淨去皮、切細絲，入冰水中浸泡約5分鐘，撈起後瀝乾。

2. 枸杞清水沖淨、加熱水泡軟瀝乾備用。

3. 將作法1、2加入調味料和勻即可盛碗，冰鎮後食用風味亦佳。

養生資訊

山藥的黏液富含糖蛋白質，含有消化酵素，可提高消化能力，但高溫烹調會喪失其酵素作用，生食山藥比較能減少營養成分的流失，還可以保持山藥的原味。山藥含有大量的澱粉及蛋白質，還有纖維素、脂肪、維生素 A、B1、C、黏液質、尿囊素、膽鹼以及鈣、磷、碘等礦物質，提供多種身體必需的營養。山藥味甘性平，入肺、脾、腎經，具有抗菌、抗氧化、抑制癌細胞、增強免疫力等功效。

馬鈴薯絲拌酸菜

材料：

馬鈴薯1顆
酸菜2片
辣椒1根

調味料：

白醋1大匙
糖1小匙
鹽1小匙

作法：

1. 馬鈴薯洗淨削去外皮切細絲，酸菜洗淨切細絲，辣椒洗淨去籽切細絲。

2. 將馬鈴薯絲入熱水中汆燙後撈起瀝乾，放在盤中。

3. 熱鍋入油1大匙，放入酸菜、辣椒、馬鈴薯絲及調味料炒勻即可。

養生資訊

馬鈴薯主要成分為澱粉，也含豐富的維生素C與鉀，蛋白質、醣類、維生素B1、鈣、鐵、鋅、鎂等營養素；鉀則可與體內多餘的鈉結合，能降低血壓、預防腦血管破裂，維生素C則可保持血管彈性，預防脂肪沉積在心血管系統；馬鈴薯還含有食物纖維，可降低罹患大腸癌的機率，並有胡蘿蔔素抑制癌細胞繁殖，延緩癌症惡化。但發芽後的馬鈴薯不可食用，易產生喉嚨乾渴、瞳孔放大、噁心嘔吐等中毒現象。

梅子苦瓜

材料：

苦瓜1顆
酸梅15顆

調味料：

味醂1大匙
白醋1/2碗
糖2大匙
鹽2小匙

作法：

1.苦瓜洗淨切半去籽、刮去白膜，切成小段，放入滾水中汆燙，撈起瀝乾。

2.將調味料入鍋中用小火煮滾置涼。

3.將作法1、2加入酸梅，浸泡約30分鐘，待入味即可食用。

 養生資訊

1.梅子含豐富的有機酸，可有效幫助人體吸收鈣質，而梅子本身也含有鈣、鐵礦物質。梅子性平、味酸，而酸味在傳統中醫學中具有收斂作用，所以梅子可用來改善多汗、咳嗽以及虛熱煩躁症；有腹脹、消化不良或暈車等不適情況，可以含梅子在口中，或用梅子泡溫水喝，有促進腸蠕動的效果。

2.苦瓜降火氣、解熱的功效廣為人知，且苦瓜的維生素C含量豐富，能增強機體免疫力、促進皮膚的新陳代謝。經常食用苦瓜，能增強皮膚的生理活性，使顏面更加細膩光滑，苦瓜還有很好的降血糖作用，對糖尿病有一定療效，是美容養顏又養生的好食材。

味噌小黃瓜

材料：

小黃瓜半斤

調味料：

味噌3大匙
糖1大匙

作法：

1. 小黃瓜洗淨、去頭尾，並切成小段。

2. 將黃瓜段放入滾水中汆燙，撈起瀝乾。

3. 將味噌與糖先和勻，再入黃瓜段拌勻，浸漬20分鐘後即可食用。

養生資訊

- -

1. 味噌含鐵、磷、鈣、鉀、蛋白質、維他命E，早餐的味噌湯是日本人一天活力的來源。味噌料理不僅美味可口，更能預防便祕、高血壓、癌症。味噌是黃豆加入麴菌，經發酵而成的發酵醬，幾乎是每個日本家庭常備的調味品。

2. 小黃瓜性涼，具有清熱解暑利尿功效，含有豐富的維他命C，養顏美容效果好眾所皆知，對愛美的女性，經常食用可以保持皮膚水嫩光滑，延緩衰老，並可以淨化血液。用新鮮黃瓜塗抹皮膚，有潤膚、舒展皺紋功效。黃瓜含豐富的維生素E，有抗老化作用。

牛蒡拌花生

材料：

牛蒡1斤
花生4兩

調味料：

鹽1小匙
白醋1大匙
糖1小匙

作法：

1. 花生洗淨，加水4碗以大火煮，滾後轉小火煮約20分鐘，取出瀝乾。

2. 牛蒡削去外皮，洗淨切細絲。

3. 熱鍋入油1大匙，先入牛蒡絲炒，再加1大匙水，以小火煮熟，再轉大火收汁。

4. 將花生、調味料入鍋中，與牛蒡絲拌炒均勻即可。

養生資訊

牛蒡含有菊糖是一種很特殊的養分，可以促進荷爾蒙分泌的精氨酸，所以被視為有助人體筋骨發達，增強體力的食物，尤其適合糖尿病患者食用。

牛蒡含有豐富的水分、蛋白質、脂肪、醣類及礦物質鈣、磷、鉀、鐵和膳食纖維，對糖尿病、高血脂症、解肝毒都有明顯效果，能清除體內廢物、降低膽固醇、減少毒素在體內堆積、改善體內循環、促進新陳代謝，可說是最佳的天然清血劑。

牛蒡的纖維還可以刺激大腸蠕動，幫助排便、減少便祕，減少大腸癌與胃癌的發生機率。

薑絲拌銀耳

材料：

白木耳1兩
薑1大塊
枸杞1大匙

調味料：

醬油2小匙
烏醋1大匙
鹽1小匙
糖1小匙
香油1小匙

作法：

1. 白木耳入水中浸泡，待膨脹後去蒂切小塊。

2. 薑洗淨去皮切細絲，枸杞清水快速沖淨。

3. 將白木耳入滾水中汆燙，取出並瀝乾。

4. 將薑絲、調味料與白木耳、枸杞拌勻，待入味即可食用。

 養生資訊

白木耳富含多醣，其中的抗腫瘤多醣，還能增強免疫細胞的吞噬能力，實驗證實可抑制腫瘤生長，其所含水溶性纖維，幫助腸蠕動，可有效改善便祕。白木耳還有蛋白質、脂肪、鈣、硫、磷、鐵、鎂、鉀、鈉、維他命B等多種營養素，是非常好的營養補充品。白木耳又叫銀耳，是一種含有豐富的胺基酸和多醣的膠質補品。它具有潤肺止咳、補腎健腦、健身嫩膚的功效，擅長補益肺氣，可以提高肺組織的防禦功能，提高機體的免疫能力，從而增強體質，達到抗衰老的作用。

彩椒玉米筍

材料：

玉米筍4兩
紅椒1/2顆
青椒1/2顆
黃椒1/2顆
香菇3朵

調味料：

鹽1小匙
黑胡椒1/2小匙

作法：

1. 玉米筍洗淨切斜塊。紅椒、青椒、黃椒、洗淨切半去籽切小塊。香菇洗淨去蒂切小塊。

2. 熱鍋入油1大匙，將香菇炒香，再入玉米筍拌炒，加水1大匙以小火煮熟。

3. 將彩椒塊、調味料入鍋中炒約2分鐘，即可盛盤。

 養生資訊

1. 青椒可幫助黑色素的新陳代謝，對黑斑、雀斑都具療效。而所含的胡蘿蔔素與維他命D有增進皮膚抵抗力的功效，防止產生面皰和斑疹，對愛美的女性是很好的食物。青椒是蔬菜中含維他命A、K最多，且富含鐵質，有助於造血，其所含的維他命B與C也很豐富，維他命A、C都可增強身體抵抗力、防止中暑、促進復原力，所以夏天可多食用青椒，可促進脂肪的新陳代謝，避免膽固醇附著於血管，能預防動脈硬化、高血壓、糖尿病等症狀。

2. 黃椒有豐富的 β 胡蘿蔔素與維生素C，營養價值不輸青椒。

香椿百頁

養生資訊

香椿是非常天然的保健食材，可降低血糖、預防高血壓的功能，並能有助維持健康的血糖及胰島素水平，且能安全有效的保持血糖的平衡；具有降血脂、降膽固醇及增強心臟的功能，並改善全身末梢血液循環；具有消炎解毒，保護肝臟的功能，並且能夠幫助腸道蠕動，促進排便順暢；能夠增強免疫能力，幫助身體維持正常的血壓；可增加學習記憶力、可抑制肺癌細胞株增生與多種致癌物活性、降血糖、降血壓、抗發炎及止痛等功效。

材料：

百頁1大塊
紅椒1/2顆
乾香菇3朵
薑1小塊
香椿葉1兩

調味料：

鹽1小匙

作法：

1. 將百頁洗淨切條狀。紅椒洗淨切半去籽切條狀。

2. 香菇泡水發後、去蒂切小塊。薑洗淨去皮切細絲，香椿葉洗淨切小丁。

3. 熱鍋入油2大匙，先放入薑絲、香菇炒香，再入百頁轉小火炒，炒至表面呈金黃色。

4. 將紅椒、香椿、調味料入鍋中拌炒均勻，即可盛盤。

松子豆乾丁

材料：

豆乾3片
小黃瓜1條
紅蘿蔔1/4根
松子1大匙

調味料：

鹽1小匙
白胡椒1小匙
黑胡椒1/2小匙

作法：

1. 豆乾洗淨切小丁，小黃瓜洗淨切小丁，紅蘿蔔洗淨削去外皮切小丁。

2. 熱鍋入油1大匙，放入作法1的材料炒，再加水1大匙轉小火煮，至熟後加入調味料炒勻即可。

3. 再將松子入鍋中，拌炒一下，即可盛盤。

 養生資訊

松子是適合全家大小經常食用的天然保健食品，松子含有蛋白質、胡蘿蔔素、核黃素、尼克酸、維生素E以及鈣、磷、鐵、鉀、鈉、鎂、錳、鋅、銅、硒等。對於現代人需要對抗衰老、抗氧化、抗輻射、增強體力精力耐力、消除疲勞並增強人體免疫功能，都有很好的促進作用。

松子含亞油酸、亞麻酸、花生四烯酸等不飽和脂肪酸，這些脂肪酸不能在人體內合成，必須從食物中攝取，它們能使細胞生物膜機構更新，膽固醇變成膽汁鹽酸，防止在血管壁上沉積形成動脈硬化，同時還具有增強腦細胞代謝、促進和維護腦細胞功能和神經功能的作用，青少年經常食用松子，對生長發育、健腦益智很有幫助；對於上班族、用腦族與中年人則有利增強記憶力、抗老防衰；老年人經常食用松子，能防止心血管疾病。

京醬乾絲

材料：

豆乾絲4兩
青蔥2根
辣椒1根

調味料：

甜麵醬2大匙
糖1小匙
鹽1小匙

作法：

1. 豆乾絲洗淨切段，青蔥洗淨去頭鬚切細絲，辣椒洗淨去籽切細絲。

2. 甜麵醬加冷開水1/2碗攪拌均勻備用。

3. 熱鍋入油1大匙，先入豆乾絲、辣椒絲炒，再加水1大匙以小火煮熟。

4. 將拌勻的甜麵醬、青蔥絲入鍋中炒勻，即可盛盤。

 養生資訊

豆乾類食品因為在製造過程中會添加鈣化合物，含有較大量的鈣質，因為是黃豆製品，本身營養價值就很高，約有40%蛋白質，其次為人體必需的多種胺基酸、不飽和脂肪酸，約20％，此外還含有磷脂、鈣、磷、鐵、鉀、鈉、胡蘿蔔素及維生素B1、B2、B12等多種成分。還含有十分豐富的豆固醇，能抑制動物性膽固醇的吸收，有助於預防心血管疾病的罹患與發生。

炸珊瑚

材料：

金針菇1包
四季豆10根
茄子1條
青椒1顆
番薯1顆
蛋1個

調味料：

酥炸粉4大匙
鹽1小匙
黑胡椒1小匙

作法：

1. 金針菇洗淨去頭瀝乾，四季豆去纖維洗淨切段。

2. 茄子洗淨去頭切片狀，青椒洗淨切半去籽切片狀，番薯洗淨削去外皮切薄片。

3. 將蛋打散加入酥炸粉，加入1碗水，放入調味料攪拌均勻，即成蛋糊。

4. 熱鍋入油5碗待油熱，將材料放入蛋糊中勾薄粉入油鍋炸，至表面呈金黃色即可撈起，用紙巾瀝油盛盤。

養生資訊

金針菇含有鐵、鈣、鎂、鉀和多種微量元素，及大量維生素B1、B2、C等，是營養價值極高的食品。此外，金針菇中的賴氨酸和精氨酸含量豐富，有促進兒童智力發育的功效。金針菇具有食療保健的藥用價值，經常食用金針菇可以降低膽固醇，對高血壓、胃腸道潰瘍、肝病、高血脂等有一定的防治與保健功效。

芝麻醬菠菜

材料：

菠菜半斤

調味料：

芝麻醬3大匙
橄欖油1大匙
鹽1小匙
糖1小匙

作法：

1. 菠菜洗淨切蒂頭，放入滾水中汆燙、撈起濾乾，切段放入盤中。

2. 將調味料入碗中攪拌均勻。

3. 將作法2的醬料汁淋在菠菜上，灑上白芝麻即可。

養生資訊

1. 芝麻醬富含蛋白質、胺基酸及多種礦物質與維生素，有很高的營養與保健價值，含鈣量比蔬菜和豆類都高得多，經常食用對骨骼、牙齒的發育都大有益處；鐵質含量高，經常食用能預防缺鐵性貧血；豐富的卵磷脂，可防止頭髮過早變白或掉髮；芝麻因含有大量油脂，有很好的潤腸通便作用，還能增加皮膚彈性，令肌膚柔嫩健康。

2. 菠菜有補血養血作用，因為菠菜富含鐵，而且維生素C的含量比一般蔬菜高出許多，而維生素C可以促進鐵的吸收和利用，而使波菜中鐵質被人體的吸收率大大提高，對貧血及各種出血者都有很大助益。此外，菠菜中含的物質可以促進胰島腺的分泌功能，能夠幫助消化，有治療糖尿病的作用。

五香茼蒿

養生資訊

茼蒿營養成分包含蛋白質、脂肪、醣類、維生素B1、礦物質、鈣、鐵等。茼蒿裡含有十幾種胺基酸,能促進智力發展,增加記憶力且有抗衰老的作用;也富含維生素A,有助抵抗呼吸系統的感染、防止視力退化及促進皮膚、頭髮、牙齒、牙床的健康生長。

材料:

茼蒿半斤
豆乾3塊
紅蘿蔔1/4根
乾香菇3朵

調味料:

黑胡椒1/2小匙
白胡椒1小匙
醬油1大匙
鹽1小匙

作法:

1. 茼蒿洗淨去老葉備用,豆乾洗淨切小丁,紅蘿蔔洗淨去皮切小丁,乾香菇泡水、發後去蒂切小丁。

2. 將茼蒿放入滾水中汆燙、撈起瀝乾,切段放在盤中。

3. 熱鍋入油1大匙,放入作法1的食材炒香,再加水1大匙轉小火煮,待熟後入調味料炒勻。

4. 再將作法3的醬料汁淋在茼蒿上即可。

麵飯主食

炒飯不再只是蛋炒飯，還可以加入如香椿、皮蛋、
花生或枸杞等配料，調和出意想不到的新風味。還
有常見的米粉湯、炒米粉、黃麵條等，也能變化出
素美味。

黃金
蛋炒飯

材料：

白飯1又1/2碗
皮蛋1顆
雞蛋1顆
蘿蔔乾丁1大匙
洋蔥1/4顆
青椒1/4個
紅椒1/4個
甜皮花生2大匙

調味料：

鹽1/2匙
黑胡椒1/2小匙
白胡椒1小匙

作法：

1. 皮蛋去殼切小丁，洋蔥剝皮洗淨切小丁，青椒、紅椒洗淨去籽切小丁，蘿蔔乾丁洗淨瀝乾備用。

2. 雞蛋去殼打入碗中與白飯攪拌均勻。

3. 熱鍋入油1大匙，將作法2快炒至蛋液變熟，盛碗中備用。

4. 鍋中再入油1大匙，放入皮蛋、洋蔥、蘿蔔乾炒香，將作法3倒入，再入青椒、紅椒及調味料拌炒均勻。

5. 食用時將甜皮花生撒在上面即可。

 養生資訊

雞蛋含有人體幾乎所有需要的營養物質，雞蛋黃中的卵磷脂、甘油三脂、膽固醇和卵黃素，對神經系統和身體發育有很大的作用。卵磷脂被人體消化後，可釋放出膽鹼，對不同年齡層的記憶力與腦力都有助益。雞蛋中的蛋白質對肝臟組織損傷有修復作用。蛋黃中的卵磷脂可促進肝細胞的再生。還可提高人體血漿蛋白量，增強機體的代謝功能和免疫功能。每天吃一顆雞蛋，不但可以補充人體所需蛋白質，更可保護肝臟。

Noodles & Rice 麵飯主食

翡翠蛋炒飯

材料：

白飯1又1/2碗
香椿葉2大匙
雞蛋2顆

調味料：

鹽1小匙
白胡椒1小匙

作法：

1. 將雞蛋洗淨去殼打入碗中並拌勻。

2. 香椿葉洗淨、切小丁。

3. 熱鍋入油1大匙，先放入雞蛋拌炒成凝固塊狀。

4. 將白飯加入作法3炒勻，再入香椿、調味料炒勻即可。

 養生資訊

米的營養價值相當完整且均衡。它含有醣類、脂肪、蛋白質，並含有適量礦物質、維生素和纖維，以及豐富的維生素B群。此道料理亦可以糙米飯代替白飯，因糙米的米糠中含有豐富的蛋白質、脂肪及維生素B_1、B_2。米所含的營養以醣類為主，是供給我們熱量的最大來源。糙米與其它穀類比較，其所含之蛋白質及纖維素含量較低但纖維質較高；且各種穀類之脂肪含量都不高。

芋頭香菇炒飯

材料：

芋頭1/4顆
白飯1又1/2碗
乾香菇3朵
芹菜1株

調味料：

鹽1小匙
黑胡椒1/2小匙

作法：

1.芋頭去皮洗淨切小丁，香菇泡
軟去蒂切小丁，芹菜去頭及葉
子洗淨切小丁。

2.熱鍋入油2大匙，先入香菇以
小火炒香再入芋頭加水2大
匙、小火炒熟。

3.將白飯倒入鍋中拌炒加熱，放
入芹菜及調味料炒勻即可。

資訊

芋頭為鹼性食品，能中和體內的酸性物質，調整人
體的酸鹼平衡，還可用來防治胃酸過多症。芋頭中
富含蛋白質、鈣、磷、鐵、鉀、鎂、鈉、胡蘿蔔
素、維生素C與B群等多種成分，豐富的營養價值，
能增強人體的免疫功能，礦物質中，氟的含量較
高，具有潔齒防齲、保護牙齒的作用。芋頭含有一
種黏液蛋白，被人體吸收後能產生免疫球蛋白，可
提高抵抗力。

＊削芋頭後手會癢，可帶手套，或削後用鹽水洗手。

老薑枸杞
炒飯

材料：　　　**調味料：**

黑麻油2大匙　　鹽1小匙
白飯1又1/2碗
枸杞1大匙
老薑1小塊

作法：

1. 薑洗淨切細末，枸杞洗淨用
   水浸泡2分鐘，再瀝乾備用。

2. 熱鍋入黑麻油，放入薑末小
   火炒香。

3. 將白飯倒入鍋中，加入枸
   杞、鹽快速翻炒均勻即可。

養生 資訊

1. 枸杞所含的營養成分非常豐富，含粗蛋白、粗脂肪、碳水化合物、類胡蘿蔔
   素、硫胺素、核黃素、抗壞血酸、甜菜城，另外還含有豐富的鉀、鈉、鈣、
   鎂、鐵、銅、錳、鋅等元素。枸杞具有保肝降壓、補腎明目、增強免疫力、
   堅筋骨之功效，對腰膝酸軟、頭暈目眩、虛勞等症都有顯著效果。另外，經
   常用枸杞入菜、煲湯、泡茶也能達到一定的保健作用。枸杞能溫暖身體，能
   預防動脈硬化及防止老化。

2. 麻油富含不飽和脂肪酸80％以上，是很優質的食用油，而其中亞油酸含量有
   一半，是人體不可缺乏的重要脂肪，並因為其在身體內無法合成，而必須從
   食物中攝取；當人體中必需脂肪酸攝取不足時，便易導致身體機能異常，使
   各種病變因應而生。必需脂肪酸能防止膽固醇沉積在血管壁，避免動脈硬化
   及高血壓的發生。

山藥糙米粥

材料：

糙米1杯
山藥2兩
乾香菇5朵

調味料：

鹽2小匙

作法：

1.糙米淘淨瀝乾。

2.山藥去皮洗淨切小塊，香菇泡軟去蒂
　切細絲。

3.熱鍋入油1大匙，先放入香菇絲炒
　香，再入糙米、山藥及4碗水煮，大
　火滾後轉小火，煮至成粥稠狀，加入
　鹽和勻即可。

養生 資訊

糙米保存很完整且均衡的稻米營
養，糙米的營養價值主要在它
的胚芽，含豐富的醣類、脂肪、
蛋白質以及豐富的維生素B群、
B1、B2、B6、B12、維生素A等。
糙米所含的纖維素可促進腸道蠕
動，增加飽足感。

芋頭芹菜粥

材料：

白米1杯
芋頭1/4顆
乾香菇5朵

調味料：

鹽2小匙
黑胡椒1/2匙
白胡椒1匙

作法：

1. 白米淘淨瀝乾。

2. 芋頭去皮洗淨切小丁，香菇泡軟去蒂切細絲。

3. 熱鍋入油1大匙，先入香菇絲炒香，再入白米、芋頭及4碗水，大火滾後轉小火，煮至成粥稠狀，加入調味料和勻即可。

養生資訊

芹菜含有多種維生素，其中維生素P可降低毛細血管的通透性，增加血管彈性，具有降血壓、防止動脈硬化和毛細血管破裂等功能，適合中老年人與高血壓患者經常食用，含豐富的鉀對於血管硬化的患者也有幫助。芹菜含有蛋白質、脂肪、碳水化合物、纖維素、維生素、礦物質等營養成分。其中，維生素B、P的含量較多，鈣、磷、鐵的含量比一般綠色蔬菜高。

芹菜除了對高血壓和因高血壓引起的一些疾病有效之外，對防治糖尿病、貧血、血管硬化和月經不調、白帶過多等婦科病也有一定的幫助。芹菜有獨特的香味與口感，吃些芹菜對增進食慾，幫助消化、吸收都大有好處。

海帶芽筍絲粥

材料：

白米1杯
綠竹筍1支
乾香菇5朵
海帶芽1小匙
薑1小塊

調味料：

鹽2小匙
白胡椒1小匙

養生資訊

海帶芽熱量低又充滿膠質、礦物質，富含可溶性纖維，比一般纖維更容易消化吸收，協助排便順暢。一方面海帶芽吸收許多海洋的微量元素，正好可以提供身體組織的修復及建造。海帶芽和海帶一樣含有藻膠，可促進體內製造維生素B、乳酸菌，並幫助排除多餘的膽固醇。

作法：

1. 白米淘淨瀝乾備用。

2. 竹筍用刀在背部劃一刀剝去外殼，削去頭部粗皮，洗淨切細絲，香菇泡軟去蒂切細絲，海帶芽泡水去鹽分切小段，薑洗淨切細絲。

3. 熱鍋入油1大匙，放入香菇絲炒香，續入竹筍絲炒，再入白米、薑絲及水4碗，大火滾後轉小火，煮至成粥稠狀。

4. 再將海帶芽放入鍋中煮滾，加入調味料和勻即可。

番薯黃麵條

材料：

番薯1顆
黃麵條1/2包
柳松菇1包

調味料：

鹽2小匙
白胡椒1小匙
黑胡椒1/2小匙

作法：

1. 番薯洗淨去皮切小塊，柳松菇洗淨去頭對切。

2. 熱鍋入油1大匙，放入番薯過炒，加4碗水煮滾。

3. 將麵條放入鍋中，轉小火燜煮約5分鐘，待麵熟。

4. 再將柳松菇、調味料放入和勻，待滾後即可熄火。

養生 資訊 番薯又叫地瓜，番薯是世界衛生組織（WHO）評選出來的十大最佳蔬菜的冠軍，番薯含蛋白質、澱粉、果膠、胺基酸、膳食纖維、胡蘿蔔素、維生素A、B、C、E以及鈣、鉀、鎂、鐵等10餘種營養元素，番薯有減肥、抗癌等功效外，還能有效地防止骨質的鈣流失。番薯有大量的膳食纖維，能夠有效刺激腸道蠕動和消化液的分泌，降低腸道疾病的發生率；番薯還含有大量的鉀和鎂，可以維持體內的離子平衡，減緩因年齡增長而造成的鈣質流失。

南瓜炒米粉

材料：

南瓜4兩
米粉1/2包
芹菜2株
乾香菇5朵

調味料：

鹽1大匙
醬油1大匙
白胡椒1小匙
黑胡椒1小匙

作法：

1. 南瓜洗淨去皮去籽切小塊，芹菜洗淨去頭及葉切小段，香菇泡軟去蒂切細絲。

2. 米粉泡水，發泡後撈起瀝乾備用。

3. 熱鍋入油2大匙，先入香菇絲炒香，續入南瓜丁炒，再加3碗水大火煮、滾後轉小火煮。

4. 待南瓜熟再將米粉、調味料入鍋中炒勻，最後再入芹菜段炒一下即可。

 養生資訊

南瓜所含的β-胡蘿蔔素、維他命C和E等皆具抗氧化力，且可抑制癌細胞生長，能預防肺癌、子宮癌、乳癌、皮膚癌、大腸癌、食道癌等癌症；β-胡蘿蔔素除可防癌之外，還具有保護心臟、血液系統的作用，並增強黏膜及皮膚的健康與抵抗力，含酚、硒可防止癌症發生及惡化；甘露醇可降低腸病變；此外，南瓜含鋅量很高，常吃可以預防攝護腺腫大或病變。

芋頭米粉湯

材料：

芋頭半顆
米粉半包
芹菜1株
乾香菇5朵

調味料：

鹽2小匙
黑胡椒1/2小匙
白胡椒1小匙

作法：

1. 芋頭去皮洗淨切小丁，香菇泡軟去蒂切細絲，芹菜去頭及葉洗淨切小丁。

2. 米粉泡水，發泡後撈起瀝乾備用。

3. 熱鍋入油1大匙，先入香菇絲炒香，再入芋頭丁拌炒，後加10碗水大火煮滾。

4. 再將米粉、鹽入鍋中小火煮約10分鐘，待米粉熟軟盛碗，灑上黑、白胡椒即可。

養生資訊

乾香菇所含的營養成分有蛋白質、醣類、纖維、維他命A、B1、B2、C、D、灰質、脂質、熱量、水、菸鹼酸、胺基酸種類齊全、豐富的磷、鈉、鉀及少量的鈣、鐵。香菇在採收後立即烘乾，可以將香菇的養分鎖起來，故乾香菇含的維生素D會比新鮮香菇量多。

紫米水果捲

材料：

紫米2杯
蘋果1/2顆
奇異果1顆
紅椒1/2顆
小豆苗20克

調味料：

白醋1大匙
糖2大匙

作法：

1. 紫米洗淨加入4杯水浸泡30分鐘，放入電鍋中煮熟。

2. 蘋果洗淨去皮、籽、切條狀，奇異果洗淨去皮切條狀，紅椒洗淨去籽切條狀，小豆苗洗淨瀝水備用。

3. 將煮好的紫米飯趁熱，加入白醋、糖拌勻放涼。

4. 取一張保鮮膜放在壽司竹簾上面，把紫米抹平，中間放入作法2的材料捲起成圓柱狀，再切小段排盤即可。

 養生資訊

紫米含有豐富的蛋白質、脂肪、賴氨酸、核黃素、硫黃素、葉酸、鐵、鋅、鈣、鉀、鎂、磷等多種微量元素，紫米也含豐富的膳食纖維，可以促進腸胃的蠕動，防止便祕。紫米蛋白質含量也比一般稻米高出許多，外殼比一般的糯米多了一層花青素，是很好的抗氧化劑來源，能延緩老化。花青素可溶於水，洗米時候會洗出紫黑色的水，所以紫糯米中間仍為白色，才是真正的紫米。

Noodles & Rice 麵飯主食

水果園披薩

材料：

玉米餅皮1張
蘋果1/4顆
奇異果1/2顆
罐頭鳳梨2片
罐頭水蜜桃1片
小番茄2粒
起司絲半碗
葡萄乾10粒

調味料：

美奶滋1/4包

作法：

1. 蘋果洗淨切薄片，奇異果洗淨去皮切薄片，鳳梨、水蜜桃、小番茄，切小片。

2. 將烤箱設定250℃，預熱5分鐘。

3. 將玉米餅皮放入烤箱中，烘烤2分鐘呈酥脆後取出。

4. 將取出的玉米餅皮塗上美奶滋，把作法1的材料均勻分布在上面。

5. 撒上起司絲、葡萄乾放入烤箱，烘烤至起司溶化成金黃色即可取出，趁熱食用。

 養生資訊

1. 蘋果果膠屬於可溶性纖維，能促進膽固醇代謝，有效降低膽固醇，更可促使脂肪排出體外。

2. 鳳梨可生食也可熟食，含有一種特別天然消化成分，稱鳳梨酵素，有類似木瓜酵素的作用，能分解蛋白質，幫助消化，促進食慾，飯後食用，對於飲食保健最為有益。

蔬食湯品

以豐富的新鮮時蔬，搭配出多樣西式或中式的美味
湯品，簡單的一碗就可以補充日常所需的養分。

南瓜木耳湯

材料：

南瓜1/2斤
紅蘿蔔1根
馬鈴薯1顆
白木耳1兩
巴西利少許

調味料：

鹽1小匙

作法：

1. 將南瓜洗淨去皮去籽切薄片，紅蘿蔔、馬鈴薯去皮洗淨切片，白木耳泡水，泡發後切小丁。

2. 將南瓜、紅蘿蔔、馬鈴薯片、白木耳及4碗水放進湯鍋中煮，大火開後轉小火煮約10分鐘。

3. 將湯鍋中的料倒入果汁機打勻，再到入鍋中小火煮滾，加鹽調味和勻即可盛碗。

4. 食用時撒上巴西利末即可。

養生資訊

忙碌的上班族與電腦族應常食用紅蘿蔔，紅蘿蔔不但能提高人體免疫力，而且可以改善用電腦過久的眼睛疲勞、貧血等現象。紅蘿蔔含有鈣質、胡蘿蔔素、食物纖維，且富含維生素B_1、B_2、C、D、E、K及葉酸，紅蘿蔔具有平衡血壓、幫助血液循環、淨化血液、促進新陳代謝、強化肝臟機能及清理腸胃的功用，可說是最天然的綜合維他命。

椰香酸辣湯

材料：

綠竹筍1支
綠花椰菜1顆
大番茄1粒
黑木耳1大朵
辣椒1根

調味料：

黑胡椒1/2小匙
鹽1小匙
白醋2大匙
椰漿2大匙

作法：

1. 綠花椰菜洗淨切小朵，竹筍用刀在背部劃一刀剝去外殼，削去粗頭部洗淨切小塊。

2. 番茄洗淨去蒂切小塊，黑木耳洗淨切小塊，辣椒洗淨去籽切片。

3. 將竹筍丁加5碗水入鍋中煮，滾後轉小火煮約10分鐘。

4. 將作法2的食材及綠花椰菜入鍋中，大火煮滾後轉小火煮約5分鐘。

5. 再加入椰奶及調味料拌勻，滾後即可。

養生資訊

黑胡椒能緊實肌肉擴張血管，對肌肉僵硬或酸痛的四肢都很有幫助，同時也有益於風濕性關腹部炎與四肢麻痺的治療。黑胡椒強化胃功能十分出名，能促進食慾驅退脹氣，並促進腸道蠕動。能消除多餘脂肪，幫助肥胖症治療。一般而言亦有排毒功能。黑胡椒能促進血液循環，在感冒時也能用來幫助退燒。

番茄百菇湯

材料：　　　　調味料：

高麗菜1/4顆　　鹽2小匙
大番茄2粒
珊瑚菇1包
柳松菇1包
白菇1包

作法：

1. 番茄洗淨去蒂切小塊，高麗菜洗淨切小塊，所有菇類去頭洗淨切段瀝乾備用。

2. 將高麗菜、番茄及5碗水入湯鍋中，大火煮滾後轉小火煮約10分鐘。

3. 再將菇類倒入鍋中，大火煮滾後轉小火煮約5分鐘，放鹽調味和勻。

養生資訊

菇類多含有豐富的胺基酸、多醣體、礦物質、酚類化合物、纖維素等成分。珊瑚菇為一種美味食藥用菇類，含豐富的蛋白質、胺基酸和維生素等多種營養成分。研究發現，從珊瑚菇子實體萃取分離的多醣體，具有抗腫瘤的效用，對免疫系統和細胞免疫的功能均有增強的作用。

豆奶海帶湯

材料：

海帶結4兩
紅蘿蔔1/2根
馬鈴薯1/2顆
薑1小塊
豆漿1000c.c.

調味料：

鹽2小匙

作法：

1. 海帶結洗淨，紅蘿蔔、馬鈴薯削去外皮洗淨切小塊，薑洗淨切細絲。

2. 將食材放入鍋中，加水至淹過即可，大火滾後轉小火煮約10分鐘。

3. 再將豆漿倒入鍋中，放入薑絲、鹽，以小火煮滾即可。

 資訊

1. 海帶含有鈣、磷、碘、鉀、硒、葉酸等營養素。碘可以促進血液中的脂肪代謝；膳食纖維則可以降低血中的膽固醇；含量豐富的鈣質，對治療老年人因缺鈣而引起的骨質疏鬆症很有幫助；經常適量食用海帶，不僅可以烏髮美容養顏，還能預防肝病、心血管病，對治療急性腎功能衰竭、腦水腫、急性青光眼、腳氣病、消化不良等症都有一定的效果。

2. 豆漿被稱為「植物性牛奶」，豆漿蛋白質中的胺基酸成分比較接近完全蛋白質，屬於優質蛋白質。大豆營養豐富，富含不飽和脂肪酸、大豆卵磷脂、大豆異黃酮、大豆蛋白質、大豆皂素、大豆纖維、維生素和礦物質、鐵、鈣等物質。研究顯示豆漿可幫助人體血脂肪的調節、增加骨質密度、改善停經後婦女的更年期症狀及減低癌症的發生率，例如乳癌、前列腺癌等等。

甜品點心

健康、低熱量又不失美味的鹹甜小點，無論是在正餐之間，還是嘴饞的時候，安撫你的胃和心靈。

Dessert 甜品點心

枸杞山藥番薯圓

材料：

山藥4兩
番薯4兩
糯米粉1碗
枸杞1大匙

調味料：

冰糖3大匙

作法：

1. 山藥、番薯洗淨削去外皮切薄片，枸杞沖淨泡水備用。

2. 將山藥、番薯放入鍋中蒸熟，取出放涼。

3. 將山藥、番薯分別加入1/2碗糯米粉，搓揉成麵糰，再依個人喜好搓成小湯圓。

4. 鍋中加入4碗水、枸杞、冰糖煮滾，再放入搓好的湯圓煮，等湯圓浮起即可盛碗。

 養生資訊

冰糖為單糖穩定性高，不容易發酵，食用冰糖後，口腔內不會有食用砂糖後燥熱酸苦的感覺，因此用於調配紅茶、咖啡飲料或烹飪食物不易酸化，能保持食材原有的口感與風味；中醫認為冰糖有潤肺、止咳、清痰等功效。也是泡製藥酒、燉煮補品很好的輔料。

南瓜小米粥

材料：

南瓜12兩
小米1杯
枸杞2大匙

調味料：

冰糖2大匙

作法：

1. 小米淘淨瀝乾備用。

2. 南瓜洗淨削去外皮去籽、切小丁，枸杞沖淨備用。

3. 將小米、南瓜丁及4碗水入鍋中，大火煮滾再轉小火煮，煮至成粥稠狀，再加枸杞、冰糖小火煮、至冰糖溶化即可。

 養生資訊

小米所含的蛋白質、維生素B群、礦物質等，平均都高於其它穀物，尤其小米中的維生素B1含量，位居所有糧食之首，維生素B1可幫助穩定情緒與精神，強化神經系統功能。小米是鹼性食物，烹調以後還是鹼性。五穀雜糧類通常愈精製愈容易增強它酸性的程度，但小米不需精製就可以食用。

番薯桂圓粥

材料：

番薯1顆
白米1杯
桂圓肉1大匙

調味料：

冰糖1大匙

作法：

1. 白米淘淨瀝乾備用。番薯洗淨削去外皮切小塊。

2. 將白米、番薯塊加4碗水入鍋中，以大火煮滾再轉小火煮，煮至成粥稠狀，再放入桂圓以小火煮3分鐘，加冰糖和勻即可。

 養生資訊

桂圓味道甜美又含有豐富的營養成分，有維他命A、B1、葡萄糖和多種胺基酸等，因此，很適合作為藥膳之用。對於婦女產後、上了年紀體力與記憶力不好的老年人或是小朋友，都是非常營養又美味的食材。

芋頭山藥餅

材料：

芋頭1/4顆
山藥2兩

調味料：

糯米粉1碗
糖2大匙

作法：

1. 芋頭、山藥洗淨削去外皮切薄片，入蒸鍋中蒸熟，取出待涼。

2. 將芋頭、山藥分別與1/2碗糯米粉揉成麵糰。

3. 將麵糰分成每個約30克大小，搓成圓形押扁，山藥圓包入芋頭圓。

5. 熱鍋入油2大匙，將包好的麵糰放入鍋中，以中小火將表面煎成金黃色即可。

 養生資訊

芋頭與山藥都是根莖類植物，都含有豐富的微量元素和維生素，富含蛋白質且所含脂肪量相當低，因此，對於減肥的人來說，芋頭與山藥可以代替部分主食。但芋頭一定要熟食，生食有微毒。

番薯起司糕

材料：

番薯半斤
起司片3片

調味料：

糯米粉1/2碗
糖2大匙
沙拉油1大匙

作法：

1. 番薯洗淨削去外皮切薄片，盛盤入蒸鍋中蒸熟。

2. 把蒸熟的番薯趁熱加入糯米粉、油、糖搓揉均勻。

3. 把作法2放入模型中，放入電鍋蒸煮，外鍋倒入1杯
   水，待電鍋跳起取出放涼。

4. 將放涼的番薯糕，取出切成喜歡的形狀，
   把中間剖開，夾入起司片即可食用。

養生資訊

有乳糖不耐症問題的人，可用含有豐富鈣
質的起司取代牛奶，而番薯所含的纖維能
加速體內廢物的排泄，它還能預防心血
管中的脂肪堆積，並且阻擾醣類轉變成脂
肪，可降低膽固醇，減少肥胖。

石花番薯凍

材料：

石花菜1兩
番薯1顆
模型1只

調味料：

糖2大匙

作法：

1. 石花菜泡水去雜質洗淨，番薯洗淨削去外皮切薄片。

2. 將番薯片入蒸鍋中蒸熟，趁熱加入糖攪拌成泥狀。

3. 將石花菜加入6碗水煮，滾後轉小火煮約50分鐘，待石花菜釋出膠質後熄火，過濾保留湯汁。

4. 將湯汁倒入模型1/2滿，再把作法2的番薯泥放在中間，再倒入湯汁填滿模型。放涼等其凝固即可，冰鎮後風味更佳。

養生資訊

石花菜含有維生素B2、鈣、鐵與食物纖維等的營養成分。石花菜生長在岩石間，枝體扁平，藻體細胞空隙間充滿膠質，這種膠是製作凍粉最好的原料。且裡頭的礦物質和多種維生素，尤其是褐藻酸鹽類物質具有降壓作用，所成的澱粉物質具有降脂的功能，多食用石花菜對高血壓、高血脂有防治作用；此藻類能在腸道中吸收水分使腸內物膨脹，增加大便量，刺激腸道，引起便意，經常便祕的人可以食用石花菜。

酥皮咖哩派

材料：

豆乾3塊
馬鈴薯1顆
乾香菇3朵
黑木耳1朵
酥皮3張

調味料：

咖哩粉3大匙
玉米粉1小匙
鹽1小匙

作法：

1. 豆乾洗淨切小丁，馬鈴薯洗淨去皮切小
   丁，香菇泡軟去蒂切小丁，黑木耳洗淨切
   小丁。

2. 熱鍋入油1大匙，將香菇、豆乾丁炒香，
   再放入馬鈴薯、黑木耳丁、調味料及水
   1/2匙小火煮，待湯汁收乾即成咖哩餡。

3. 把烤箱設定180℃，預熱5分鐘。

4. 把酥皮對切成三角形，將咖哩餡放中間，
   包成小三角形，放入烤箱烘烤約10分鐘，
   待酥皮隆起成金黃色即可。

 養生資訊

咖哩含有薑黃素、蛋白質、脂肪與鈉等等，咖哩中含有辣味香辛料，大部分的香辛料與胃液中的強酸結合後，會產生消毒殺菌的效果，因此有體內排毒的作用。

咖哩內所含的「薑黃素」，具有殺除癌細胞的功能！科學的實驗研究已經證實，咖哩的確具有協助傷口復合甚至預防老年癡呆症的作用，而在印度的傳統中，也認爲吃咖哩可以消炎，及具抗老效益。

橙香墨西哥塔克

材料：

玉米餅皮2片
柳橙2顆
起司絲1/2碗
葡萄乾20顆

調味料：

玉米粉1小匙
糖1小匙

作法：

1. 柳橙洗淨把皮削下切成細絲，取果肉放入果汁機攪拌成糊狀。

2. 烤箱設定180℃，預熱5分鐘。

3. 把果汁機內的果肉糊倒入鍋中，放入糖、橙皮絲小火煮滾，用玉米粉加水勾薄芡，放涼變成橙醬。

4. 將醬塗抹於玉米餅皮上，撒上起司絲及葡萄乾。放入預熱好的烤箱烘烤，待起司溶化成金黃色即可。

養生資訊

1. 根據研究，柳橙所含的抗氧化劑含量是所有水果之中最高的，還含有包括60多種具有消炎、抗腫瘤和防血栓特性的黃酮類化合物。柳橙含維生素C、膳食纖維、維生素B群、類胡蘿蔔素、鈣、磷、鉀、檸檬酸、果膠等營養素，是鉀含量頗高的水果。其維生素C可保護細胞，對抗自由基；對於便祕的人，柳橙果肉所含的膳食纖維，則可以促進消化、幫助排便；所含的果膠能加速食物通過消化道，幫助體內不好物質排出；檸檬酸則可以幫助胃液對脂肪物質進行消化，並增進食慾。

2. 葡萄乾跟葡萄不同的地方是，葡萄乾必須經過曝曬的過程，而使葡萄乾含有葡萄所缺乏的貴重成分，其中一種為多元酚。葡萄所含有的多元酚集中於果皮的部分，所以想多攝取多元酚的話，那就必須連果皮也吃下去。葡萄乾主要成分為葡萄糖，葡萄糖被人體吸收後，立刻就會變成身體所需要的能源，對恢復疲勞非常有效，葡萄乾還含有非常豐富的鐵，對貧血症狀也很有功效。

焗烤火龍果

材料：

火龍果1顆
奇異果1顆
蘋果1/2顆
鳳梨2片
罐頭水蜜桃1/2顆
起司絲1/2碗

調味料：

沙拉醬1/2包

養生資訊

火龍果含有水果少有的植物性蛋白和花青素、豐富的維生素和水溶性食物纖維，水溶性繕食纖維能預防便祕、降低血糖、血脂等；而花青素具有抗氧化、抗自由基、抗衰老的作用，能預防腦細胞變性，降低癡呆的發生。火龍果中的白蛋白對重金屬中毒有解毒的功效，能保護胃壁；火龍果所含的營養成分有胡蘿蔔素、鈣、磷、鐵、維生素B_1、B_2、B_3及C等。

作法：

1. 火龍果洗淨對切，用湯匙挖出中間果肉切丁，外皮做成水果盅。奇異果去皮洗淨切小丁，蘋果洗淨切小丁，鳳梨、水蜜桃切小丁。

2. 烤箱設定180℃，預熱5分鐘。

3. 將所有切丁的食材放入碗中，加入沙拉醬攪拌均勻。

4. 把作法3的料填入火龍果盅，上面撒上起司絲，放入烤箱中，待起司融化變金黃色即可。

二魚文化 健康廚房 052

新時尚素料理

國家圖書館出版品預行編目資料

新時尚素料理 / 郭月英, 林美妤著. -- 初版. -- 臺北市 : 二魚文化, 2011.06
　　面；　公分. -- (健康廚房；52)
ISBN 978-986-6490-45-3(平裝)
1.素食食譜
427.31　　　　　　　　　　　100000264

作　　　者	郭月英　林美妤
攝　　　影	張志銘
責任編輯	蕭淑芳　黃薇之
美術設計	蔡文錦

出 版 者　二魚文化事業有限公司
發 行 人　謝秀麗
法律顧問　林鈺雄法律事務所

社　　　址　106 臺北市羅斯福路三段 245 號 9 樓之 2
網　　　址　www.2-fishes.com
電　　　話　（02）23699022　傳真（02）23698725
郵政劃撥帳號　19625599
劃撥戶名　二魚文化事業有限公司

總 經 銷　大和書報圖書股份有限公司
　　　　　電話（02）89902588
　　　　　傳真（02）22901658

初版一刷　2011 年 6 月
ISBN　978-986-6490-45-3
定　　　價　300 元

首先謝謝您購買本書，希望您看了很滿意，請撥冗為我們填寫並寄回本回函卡。

- 姓　　名：
- 地　　址：
- 電　　話：
- 傳　　真：
- 電子郵件信箱：
- 出生日期：西元　　　年　　　月　　　日
- 性　　別：□男　□女
- 婚姻狀況：□已婚　□未婚　□單身
- 教育程度：□高中以下（含高職）　□大專　□研究所
- 職　　業：□學生　□軍警　□公教　□自由業　□大眾傳播　□金融業　□資訊業　□服務業　□製造業　□其他
- 您從哪裡得知本書訊息：□逛書店　□雜誌　□廣播節目　□電視節目　□親友介紹　□廣告信函　□網路　□其他
- 您對本書有何建議：

莎蜜拉海岸咖啡坊

位於北海岸老梅社區，是由一座老舊倉庫，經過巧思整理與佈置之後的特色咖啡餐廳，偶像劇「翻滾吧！蛋炒飯」曾在此取景，充滿異國浪漫風情。

營業地址：新北市石門區老梅社區楓林 25-1 號
電　　話：(02) 26383250
交通指引：淡金公路→三芝→石門→白沙灣→老梅社區（台 2 線 25.2k 左轉）→
　　　　　依指標抵達莎蜜拉
店家網址：http://www.h2ocity.com/sanira
營業時間：10:00 ～ 22:00（僅供參考，正確時間請來電詢問）

★讀者專屬優惠
即日起寄回讀者回函卡，
前 100 名即贈
「莎蜜拉海岸咖啡坊」
墨西哥薄餅招待券一張。

廣 告 回 郵
臺灣北區郵政管理局登記證
北台字15467號

106 台北市羅斯福路三段 245 號 9 樓之 2

二魚文化事業有限公司　收

H052

新時尚素料理

健康廚房系列

Health Care

● 姓名

● 地址